FORSCHUNGSBERICHTE DES LANDES NORDRHEIN-WESTFALEN

Nr. 2137

Herausgegeben im Auftrage des Ministerpräsidenten Heinz Kühn
von Staatssekretär Professor Dr. h. c. Dr. E. h. Leo Brandt

Prof. Dr. phil. Siegfried Filippi
Dipl.-Math. Henning Esser

Lehrstuhl für Numerische und Instrumentelle Mathematik
der Justus-Liebig-Universität Gießen

Darstellungs- und Konvergenzsätze für Quadraturverfahren auf C und C^m

SPRINGER FACHMEDIEN WIESBADEN GMBH

ISBN 978-3-663-06238-7   ISBN 978-3-663-07151-8 (eBook)
DOI 10.1007/978-3-663-07151-8

Verlags-Nr. 012137

© 1970 by Springer Fachmedien Wiesbaden
Ursprünglich erschienen bei Westdeutscher Verlag GmbH, Köln und Opladen 1970

Inhalt

1. Einleitung 5
2. Eine Erweiterung des Darstellungssatzes von V. M. Tschakaloff 6
3. Interpolatorische Quadraturformeln 9
4. Konvergenz von Quadraturverfahren 14
   4.1 Spezielle Konvergenzsätze für Quadraturverfahren auf C 18
   4.2 Quadraturverfahren auf C mit positiven Gewichten 22
   4.3 Quadraturverfahren auf C^m mit positiven Gewichten 26
5. Eine Bemerkung zur Fehlerabschätzung 30
6. Die »Neuen Hermiteschen Quadraturformeln« von S. Filippi 32

Zeichenerklärungen 35

Literaturverzeichnis 36

1. Einleitung

Diese Arbeit liefert ein Beispiel für die Anwendung der Funktionalanalysis auf die Theorie der Quadratur.
Im ersten Abschnitt geben wir eine Erweiterung des Darstellungssatzes von V. M. Tschakaloff [19] für positive, lineare Funktionale auf endlich dimensionalen, linearen und normierten Räumen. Unter schwächeren Voraussetzungen als in V. M. Tschakaloffs Darstellung wird die Existenz von interpolatorischen Quadraturverfahren mit positiven Gewichten bewiesen. Ferner zeigen wir die Existenz von konvergenten Quadraturverfahren, die für Funktionen aus einem in $C[a, b]$ abgeschlossenen System von l. u. Funktionen exakt sind.
Im dritten Abschnitt untersuchen wir interpolatorische Funktionale f_n^* näher und stellen mittels der Interpolationstheorie in linearen, normierten Räumen [3] einen Charakterisierungssatz auf, der für die Konstruktion von interpolatorischen Quadraturverfahren auf C und C^m von Bedeutung ist. Ein entsprechender Satz für interpolatorische f_n^* vom »Gaussschen Typ« (s. Definition 2), der das Ergebnis für die Gauss-Jacobi-Quadraturverfahren enthält, wird ebenfalls in diesem Abschnitt bewiesen.
Die Linearität der Quadraturverfahren auf C ist dafür verantwortlich, daß es zu jedem konvergenten Quadraturverfahren auf C eine stetige Funktion gibt, für die das Verfahren sehr »langsam« konvergiert (s. Abschnitt 4). Aus demselben Grunde ist es unmöglich, eine Einschließungseigenschaft, wie sie etwa bei Riemann-Integralen durch die Ober- und Untersummen gegeben ist, bei konvergenten Quadraturverfahren auf C zu erhalten.
Die Konvergenzsätze für Quadraturverfahren auf C und C^m leiten wir einheitlich aus dem Darstellungssatz von F. Riesz (C^*) und aus dem entsprechenden Satz für C^{m*} (A. Sard) in Verbindung mit dem Satz von Banach-Steinhaus her.
Eine spezielle hinreichende Konvergenzbedingung und eine damit verbundene Fehlerabschätzung, die eine Verbindung zur Approximationstheorie herstellt, wird in Abschnitt 4.1 bewiesen.
Dabei können wir ein Ergebnis von F. Locher verallgemeinern (s. Satz 14). Als Anwendung der Konvergenzbedingung konstruieren wir ein konvergentes Quadraturverfahren, das zur Integration von Funktionen mit speziellen Singularitäten geeignet ist. - Bei Quadraturverfahren auf C mit positiven Gewichten (Abschnitt 4.2) läßt sich die Konvergenz des Verfahrens äquivalent durch die Konvergenz der Erzeuger der Funktionale ausdrücken. Damit können wir das Ergebnis von L. Fejer, daß die Folge der jeweils größten Gewichte der Quadraturformel gegen Null streben muß ($n \to \infty$), auf den Fall der Stieltjes-Integrale mit stetiger Belegfunktion verallgemeinern. Daß die Varianz des Quadraturverfahrens dann gegen Null strebt, ist eine unmittelbare Folgerung daraus. Ferner ist ein Satz angegeben (Satz 16), der die Rolle der Varianz bei der Konvergenz hervorhebt.
In Abschnitt 4.3 leiten wir in Analogie zum C-Fall einen Konvergenzsatz für Hermitesche Quadraturverfahren mit positiven Gewichten her, der die Konvergenzbedingungen äquivalent durch die Konvergenz von Belegfunktionen zusammen mit der Konvergenz des Quadraturverfahrens für Polynome bis zu einem festen Grad ausdrückt. Daraus ergeben sich dann Sätze, die Beziehungen zwischen der gleichmäßigen und starken Konvergenz von Quadraturverfahren mit positiven Gewichten herstellen. Die gleich-

mäßige Konvergenz ist entscheidend für die Möglichkeit einer Fehlerabschätzung nach P. J. DAVIS (s. Abschnitt 5).

Für die klassische Fehlerabschätzung bei interpolatorischen Quadraturverfahren ermitteln wir zum Schluß des Abschnittes 5 die beste Konstante.

Im letzten Abschnitt dieser Arbeit geben wir für allgemeines n die »Neuen HERMITE-schen Quadraturformeln« von S. FILIPPI an, die den höchsten Grad der Genauigkeit besitzen, und beweisen ihre Konvergenz.

2. Eine Erweiterung des Darstellungssatzes von V. M. TSCHAKALOFF

Sei $\mathfrak{B}$ eine kompakte Punktmenge im n dim. euklidischen Raum R_n, so daß $\int_{\mathfrak{B}} f d\mathfrak{B}$ für jedes $f \in C(\mathfrak{B})$ existiert und

$$\|\mathfrak{B}\| = \int_{\mathfrak{B}} d\mathfrak{B} > 0.$$

$\varphi_1, \ldots, \varphi_N$ seien N l. u. Funktionen aus $C(\mathfrak{B})$. Genügen diese Funktionen der M.-KREIN-Bedingung, daß mindestens ein $\varphi_i > 0$ in $\mathfrak{B}$, dann beweist V. M. TSCHAKALOFF in [19] den folgenden

Darstellungssatz:

Es existieren *positive* Konstanten $A_i \geq 0$
$i = 1, 2, \ldots, N$ und N Punkte $\mathfrak{x}_i \in \mathfrak{B}$,
so daß

$$\int_{\mathfrak{B}} f d\mathfrak{B} = \sum_{i=1}^{N} A_i f(\mathfrak{x}_i) \text{ für } f \in [\varphi_1, \ldots, \varphi_N].$$

Wir zeigen jetzt, daß dieser Satz auch gilt, wenn die φ_i nicht der KREIN-Bedingung genügen. Unsere Beweismethode ist mit der von V. M. TSCHAKALOFF verwandt; wir benutzen jedoch geeignetere Sätze und Definitionen.

Definition 1:

Sei X ein n dim. LNR; $\{g_\alpha^*\} \subset X^*$, $f^* \in X^*$ gegebene Funktionale aus X^*. f^* heißt *positiv in bezug auf* $\{g_\alpha^*\}$, falls aus $g_\alpha^*(f) \geq \gamma$ für jedes $g_\alpha^* \in \{g_\alpha^*\}$ $f^*(f) \geq \gamma$ folgt, $f \in X$ und $\gamma \in R_1$.

Satz 1

Sei X ein n dim. LNR, $f^* \in X^*$ und $\{g_\alpha^*\} \subset X^*$ sei kompakt in X^*. Dann gilt $f^* \in K\{g_\alpha^*\}$ genau dann, falls
f^* positiv in bezug auf $\{g_\alpha^*\}$ ist.

Beweis:

$\Rightarrow$: Sei $f^* \in K\{g_\alpha^*\}$, d. h.

$$f^* = \sum_{i=1}^{m} A_i g_{\alpha_i}^* \text{ mit } A_i \geq 0, \sum_{i=1}^{m} A_i = 1.$$

Ist nun $g_\alpha^*(f) \geqq \gamma$ für jedes $g_\alpha^* \in \{g_\alpha^*\}$, dann ist

$$f^*(f) = \sum_{i=1}^m A_i g_{\alpha_i}^*(f) \geqq \gamma \sum_{i=1}^m A_i = \gamma.$$

$\Leftarrow$: (indirekt). Sei f^* positiv in bezug auf $\{g_\alpha^*\}$, aber $f^* \notin K\{g_\alpha^*\}$. Da $\{g_\alpha^*\}$ kompakt ist, ist auch $K\{g_\alpha^*\}$ kompakt. Da $f^* \notin K\{g_\alpha^*\}$, gibt es nach einem Trennungssatz (vgl. [20] S. 35) eine Hyperebene H, die $\{f^*\}$ und $K\{g_\alpha^*\}$ echt trennt. Das heißt, es existiert ein $g^{**} \in X^{**}$ und ein $\beta \in R_1$, so daß $g^{**}(f^*) < \beta$ und $g^{**}(h^*) > \beta$ für jedes $h^* \in K\{g_\alpha^*\}$. Dann gilt also auch $g^{**}(f^*) < \beta$ und $g^{**}(g_\alpha^*) > \beta$ für jedes $g_\alpha^* \in \{g_\alpha^*\}$. Da aber jeder endlich dim. LNR reflexiv ist, existiert zu g^{**} genau ein $g \in X$, so daß $g^{**}(f^*) = f^*(g) < \beta$ und $g^{**}(g_\alpha^*) = g_\alpha^*(g) > \beta$ für jedes $g_\alpha^* \in \{g_\alpha^*\}$, Widerspruch.

Mit einer Methode von E. STEINITZ (s. [19]) beweist man aus Satz 1 die

Folgerung 1

Es gelten die Voraussetzungen von Satz 1.

Sei m die Maximalzahl der l. u. Elemente aus $\{g_\alpha^*\}$, dann existieren positive Konstanten A_i, so daß

$$f^* = \sum_{i=1}^m A_i g_{\alpha_i}^*.$$

Hieraus ergibt sich sofort der oben angekündigte Satz ohne die KREIN-Bedingung, wenn man $X = [\varphi_1, \ldots, \varphi_N]$, $\|f\|_X = \max_{x \in \mathfrak{B}} |f|$ $f^*(f) = \dfrac{1}{\|\mathfrak{B}\|} \int_\mathfrak{B} f d\mathfrak{B}$ und $f_x^* f = f(x)$ setzt (vgl. [5]). Das entsprechende Ergebnis für die Quadratur auf $C[a, b]$ lautet:

Folgerung 2

Es sei $\alpha \in NBV[a, b]$ und monoton wachsend auf $[a, b]$. (Diese Bedingung ist äquivalent damit, daß aus $f \geqq 0, f \in C$

$$\int_a^b f d\alpha \geqq 0$$

folgt (vgl. [18] S. 200).) O. E. d. A. sei $\alpha(b) = 1$.

$\varphi_1, \ldots, \varphi_n$ seien n l. u. Funktionen aus $C[a, b]$. Dann existieren positive Zahlen A_i und Punkte $x_i \in [a, b]$, so daß

$$\int_a^b f d\alpha = \sum_{i=1}^n A_i f(x_i),$$

wenn $f \in [\varphi_1, \ldots, \varphi_n]$.

Sind $\varphi_1, \varphi_2, \ldots \in C[a, b]$ und ist $\{\varphi_1, \ldots\}$ l. u. und vollständig in C, dann läßt sich mit Satz 1 die Existenz von Quadraturverfahren mit positiven Gewichten beweisen, die interpolatorische Eigenschaften besitzen und für jedes $f \in C$ gegen

$$\int_a^b f d\alpha$$

konvergieren, wobei $\alpha \in NBV[a, b]$ und monoton wachsend auf $[a, b]$ ist. ($\alpha(b) = 1$ o. E. d. A.):

Wir setzen $X_n = [\varphi_1, \ldots, \varphi_n]$, dann existiert nach Satz 1 ein Quadraturverfahren

$$\sum_{k=1}^{m(n)} A_{k,m(n)} f(x_{k,m(n)}),$$

das exakt ist für $\varphi_1, \ldots, \varphi_n$ und die Funktion 1

$$\left(\sum_{k=1}^{m(n)} A_{k,m(n)} = 1\right).$$

Konstruiert man sich auf diese Weise für jedes $n = 1, 2, \ldots$ Quadraturverfahren

$$\sum_{k=1}^{m(n)} A_{k,m(n)} f(x_{k,m(n)}),$$

dann ist hierdurch eine Folge von Funktionalen $\{f^*_{m(n)}\}_{n=1}^{\infty} \subset C^*$ definiert.

Da stets $A_{k,m(n)} \geq 0$ und

$$\sum_{k=1}^{m(n)} A_{k,m(n)} = 1 \quad n = 1, 2, \ldots,$$

sind die Normen $\|f^*_{m(n)}\|_{C^*}$ gleichmäßig beschränkt. Da noch das Quadraturverfahren auf einer in C dichten Menge gegen

$$\int_a^b f \, d\alpha$$

konvergiert, konvergiert es nach dem klassischen Satz von BANACH-STEINHAUS für jedes $f \in C$ gegen

$$\int_a^b f \, d\alpha.$$

Zusammengefaßt gilt also:

Folgerung 3

Sei $f^* \in C^*$, so daß $f^*(f) = \int_a^b f \, d\alpha$ mit $\alpha \in NBV[a,b]$ und α monoton wachsend auf $[a, b]$. O. E. d. A. sei $\alpha(b) = 1$

$\{\varphi_1, \varphi_2, \ldots\}$ sei l. u. und vollständig in C. $\varphi_i \in C$. Dann existiert eine Folge von natürlichen Zahlen $\{m(n)\}_{n=1}^{\infty}$ und positive Zahlen $A_{k,m(n)}$ $k = 1, 2, \ldots, m(n)$; $n = 1, 2, \ldots$ und Punkte $x_{k,m(n)} \in [a,b]$ $k = 1, 2, \ldots, m(n)$; $n = 1, 2, \ldots$, so daß

(i) $\sum_{k=1}^{m(n)} A_{k,m(n)} f(x_{k,m(n)}) = \int_a^b f \, d\alpha \; f \in [\varphi_1, \ldots, \varphi_n]$

für $n = 1, 2, \ldots$

(ii) $\lim_{n \to \infty} \sum_{k=1}^{m(n)} A_{k,m(n)} f(x_{k,m(n)}) = \int_a^b f \, d\alpha \; f \in C[a,b]$.

Aus der letzten Folgerung ergibt sich noch die interessante Tatsache, daß zu jedem $f^* \in C^*$ und zu jedem vollständigen System $\{\varphi_1, \varphi_2, \ldots\}$ ($\varphi_i \in C$) von l. u. Funktionen eine Folge

$$f^*_{\sigma(n)} f = \sum_{k=1}^{\sigma(n)} C_{k,\,\sigma(n)} f(t_{k,\,\sigma(n)})$$

existiert mit den Eigenschaften (*i*) und (*ii*) aus Folgerung 3:

Satz 2

Sei $f^*(f) = \int_a^b f\,d\alpha$, $\alpha \in BV[a,b], f \in C$,

$\varphi_1, \varphi_2, \ldots$ ein in $C[a,b]$ vollständiges System von l. u. Funktionen ($\varphi_i \in C$). Dann existiert eine Folge von natürlichen Zahlen $\{\sigma(n)\}_{n=1}^{\infty}$ und Konstanten $C_{k,\,\sigma(n)}$ $k = 1, 2, \ldots, \sigma(n); n = 1, 2, \ldots$ und Punkte $t_{k,\,\sigma(n)} \in [a,b]$, so daß

(*i*) $\sum_{k=1}^{\sigma(n)} C_{k,\,\sigma(n)} f(t_{k,\,\sigma(n)}) = \int_a^b f\,d\alpha$ für $f \in [\varphi_1, \ldots, \varphi_n]$

für $n = 1, 2, \ldots$

(*ii*) $\lim_{n \to \infty} \sum_{k=1}^{\sigma(n)} C_{k,\,\sigma(n)} f(t_{k,\,\sigma(n)}) = \int_a^b f\,d\alpha$ für jedes $f \in C[a,b]$.

Beweis:

Da $\alpha \in BV[a,b]$, läßt sich α als Differenz zweier monoton wachsender Funktionen α_1, α_2 darstellen:

$\alpha = \alpha_1 - \alpha_2$.

Also ist

$$\int_a^b f\,d\alpha = \int_a^b f\,d\alpha_1 - \int_a^b f\,d\alpha_2.$$

Wie im Beweis von Folgerung 3 konstruiert man sich zu

$$\int_a^b f\,d\alpha_1$$

und

$$\int_a^b f\,d\alpha_2$$

Quadraturverfahren mit den Eigenschaften (*i*) und (*ii*) aus Folgerung 3. Die Differenz dieser Verfahren liefert das verlangte.

3. Interpolatorische Quadraturformeln

Die im vorigen Abschnitt behandelten Quadraturverfahren zur Annäherung an $f^*(f) = \int_a^b f\,d\alpha$ besaßen interpolatorische Eigenschaften. Es galt: $f^*(f) = f^*_{m(n)}(f)$, wenn $f \in [\varphi_1, \ldots, \varphi_n]$. Wir definieren nun allgemein.

Definition 1:

Es sei X ein LNR, $M \subset X$ eine n dim. LM, $f^* \in X^*$, f_i^* $i = 1, 2, \ldots, n$ gegebene Funktionale aus X^*, so daß f_i^* $i = 1, 2, \ldots, n$ l. u. sind in M^*. Ferner seien n reelle Zahlen A_i $i = 1, 2, \ldots, n$ gegeben, dann heißt

$$f_n^* = \sum_{i=1}^{n} A_i f_i^*$$

interpolatorisch für f^*, falls $f_n^*(f) = f^*(f)$ für jedes $f \in M$.

Satz 3

Sei X ein LNR, $M \in X$ eine n dim. LM.
$f^* \in X^*$, $f_i^* \in X^*$ $i = 1, 2, \ldots, n$ und l. u. in M^*; $g_i \in M$ $i = 1, 2, \ldots, n$ seien die zu f_i^* $i = 1, 2, \ldots, n$ biorthogonalen Elemente ($f_i^*(g_j) = \delta_{ij}$). Dann ist

$$f_n^* = \sum_{i=1}^{n} A_i f_i^*$$

interpolatorisch für f^* genau dann, falls $A_i = f^*(g_i)$ $i = 1, 2, \ldots, n$.

Beweis:

$\Rightarrow$: $f^*(f) = \sum_{i=1}^{n} A_i f_i^*(f)$ für $f \in M$;

also folgt für $f = g_j$ $\quad f^*(g_j) = A_j$;

$\Leftarrow$: jedes $f \in M$ besitzt die eindeutige Darstellung

$$f = \sum_{i=1}^{n} f_i^*(f) g_i.$$

$f^*(g_j) = A_j$, dann folgt

$$f_n^*(f) = \sum_{i=1}^{n} f_i^*(f) f^*(g_i) = f^* \left\{ \sum_{i=1}^{n} f_i^*(f) g_i \right\} = f^*(f).$$

Den Ausdruck

$$L(f) = \sum_{i=1}^{n} f_i^*(f) g_i \quad f \in X \text{ nennt man auch das}$$

verallgemeinerte LAGRANGE-*Interpolationspolynom*, denn

$$\sum_{i=1}^{n} a_i g_i$$

ist die eindeutige Lösung des folgenden Interpolationsproblems (vgl. [3] S. 26):

Existiert ein $g \in M$, so daß $f_i^*(g) = a_i$ $i = 1, 2, \ldots, n$?

Satz 3 besagt dann, daß f_n^* genau dann interpolatorisch ist für f^*, falls $f_n^*(f) = f^*(Lf)$ für jedes $f \in X$.

Hieraus ergibt sich unmittelbar mit

$M = [1, x, \ldots, x^{n-1}], f_i^* f = f(\alpha_i)$

$X = C[a, b] \qquad \alpha_i \in [a, b], \alpha_i \neq \alpha_k$ für $i \neq k$

Satz 4

(s. auch [11] S. 80). Sei $\alpha \in BV[a, b]$

Es ist

$$\int_a^b f \, d\alpha = \sum_{i=1}^n A_i f(\alpha_i),$$

wenn f ein Polynom vom Grad $\leq n-1$ ist, genau dann, falls

$$A_i = \int_a^b l_i \, d\alpha,$$

wobei l_i das LAGRANGE-Grundpolynom 1. Art bedeutet; d. h.

$$l_i = \frac{\omega(x)}{(x - \alpha_i)\,\omega'(\alpha_i)}, \quad \omega(x) = (x - \alpha_1) \ldots (x - \alpha_n).$$

Für HERMITEsche Quadraturverfahren ergibt sich

Satz 5

Es sei $\alpha \in BV[a,b]$, $\alpha_i \in [a,b]$ $i = 1, 2, \ldots, n$,

$\alpha_i \neq \alpha_k$ für $i \neq k$. Es gilt

$$\int_a^b f \, d\alpha = \sum_{i=1}^n \sum_{k=0}^{\sigma_i - 1} A_{ik} f^{(k)}(\alpha_i) \text{ für jedes Polynom vom Grad} \leq N$$

$$N = \sum_{i=1}^n \sigma_i - 1$$

genau dann, falls

$$A_{ik} = \int_a^b l_{ik} \, d\alpha \text{ mit}$$

$$l_{ik} = \frac{\omega(x)}{k!} \sum_{l=0}^{\sigma_i - k - 1} \frac{1}{l!} \left\{ \frac{(x - \alpha_i)^{\sigma_i}}{\omega(x)} \right\}^{(l)}_{x = \alpha_i} \frac{1}{(x - \alpha_i)^{\sigma_i - k - l}}$$

$$\omega(x) = (x - \alpha_1) \cdot (x - \alpha_2) \ldots (x - \alpha_n).$$

Mit derselben Methode kann man sich Quadraturformeln der Form

$$\sum_{k=1}^n A_{k,n} f(x_{k,n}) \text{ zur Annäherung an } \int_a^b f \, d\alpha$$

konstruieren, die für Funktionen aus einem Haarsystem exakt sind.

Auch lassen sich die Quadraturformeln von A. SARD (vgl. [16, 17]) auf diese Weise herleiten.

Unter den Quadraturformeln, die für Polynome bis zu einem bestimmten Grad exakt sind, sind die GAUSS–JACOBI-Quadraturformeln wegen ihrer Genauigkeit – vorausgesetzt die zu integrierende Funktion ist genügend oft differenzierbar – von besonderem Interessse. Wir wollen nun interpolatorische f_n^* vom GAUSSschen Typ definieren und einen Charakterisierungssatz aufstellen, aus dem wir das bekannte Ergebnis für die klassischen GAUSS-JACOBI-Quadraturverfahren erhalten werden.

Definition 2:

Sei X ein LNR. $M_{2n} = [f_1, \ldots, f_{2n}]$, f_i l. u. in X. $M_n = [f_1, \ldots, f_n]$. Gegeben sei ferner $f^* \in X^*$, $f^*_{\alpha_i} \in X^*$ $i = 1, 2, \ldots, n$, so daß $f^*_{\alpha_i}$ l. u. in M_n^*. Dann heißt

$$f_n^* = \sum_{i=1}^{n} A_i f^*_{\alpha_i}$$

vom GAUSSschen *Typ für* f^*, falls $f_n^*(f) = f^*(f)$ für jedes $f \in M_{2n}$.

Es gilt

Lemma 1 (s. [5])

Sei X_{2n} ein $2n$ dim. LNR mit Basis $f_1, f_2, \ldots, f_{2n}$, $X_j = [f_1, \ldots, f_j]$ $j = 1, 2, \ldots, 2n$.
$\{g_i^*\}_{i=1}^n$ seien auf X_{2n} definiert und l. u. in X_n^*, so daß $g_i^*(f_{n+j}) \neq 0$ für mindestens ein i bei festem j, $1 \leq i \leq n$, $j \in \{1, 2, \ldots, n\}$.

Dann existieren $\omega_{n+j} \in X_{2n}$ $j = 1, 2, \ldots, n$ mit

a) $\omega_{n+j} = a_1^{(n+j)} f_1 + \cdots + a_{n+j-1}^{(n+j)} f_{n+j-1} + f_{n+j}$

b) $g_i^*(\omega_{n+j}) = 0$ $j \in \{1, 2, \ldots, n\}$; $i = 1, 2, \ldots, n$.

c) jedes $f \in X_{2n}$ läßt sich darstellen durch $f = q_n + h$, wobei $h \in [\omega_{n+1}, \ldots, \omega_{2n}]$ und $q_n \in X_n$.

Satz 6

Es sei X ein LNR. $f_1, f_2, \ldots, f_{2n}$ $2n$ l. u. Elemente aus X. $M_i = [f_1, \ldots, f_i]$ $i = 1, 2, \ldots, 2n$. $f^*_{\alpha_i} \in X^*$ $i = 1, 2, \ldots, n$ seien n l. u. Funktionale aus M_n^*, $g_i \in M_n$ die zu $f^*_{\alpha_i}$ biorthogonalen Elemente. Ferner sei $f^*_{\alpha_i}(f_{n+j}) \neq 0$ für mindestens ein i bei festem j. $1 \leq i \leq n$, $j \in \{1, 2, \ldots, n\}$.

$\{\omega_{n+j}\}_{j=1}^n$

sei eine Menge von Elementen aus M_{2n} mit den Eigenschaften a), b), c) aus Lemma 1. Dann gilt für $f^* \in X^*$

$$f^*(f) = \sum_{i=1}^n A_i f^*_{\alpha_i}(f) \text{ für jedes } f \in M_{2n}$$

genau dann, falls

(i) $f^*(g_i) = A_i$ $i = 1, 2, \ldots, n$

(ii) $f^*(\omega_{n+j}) = 0$ $j = 1, 2, \ldots, n$

d. h. mit Satz 3 genau dann, falls

$$f_n^*(f) = \sum_{i=1}^n A_i f^*_{\alpha_i}(f)$$

entstanden ist durch Anwendung von f^* auf das LAGRANGE-Interpolationspolynom von $f \in X$: LF, und die ω_{n+j} die »Orthogonalitätsbedingung« (ii) erfüllen.

Beweis:

$\Rightarrow$: (i) ist klar.

Da $f^*(f) = \sum_{i=1}^{n} A_i f^*_{\alpha_i}(f)$ für jedes $f \in M_{2n}$,

ist $f^*(\omega_{n+j}) = 0$, $j = 1, 2, \ldots, n$.

$\Leftarrow$: Sei $f \in M_{2n}$, dann ist $f = q_n + h$ mit $h \in [\omega_{n+1}, \ldots, \omega_{2n}]$, $q_n \in M_n$. Also gilt $f^*(f) = f^*(q_n)$ nach (ii). Wegen (i) ist

$$f^*(q_n) = f_n^*(q_n) = \sum_{i=1}^{n} f^*(g_i) f^*_{\alpha_i}(q_n); \text{ da } f^*_{\alpha_i}(h) = 0,$$

folgt schließlich

$$f^*(f) = \sum_{i=1}^{n} A_i f^*_{\alpha_i}(f) \text{ für jedes } f \in M_{2n}.$$

Setzen wir in Satz 6 $X = C[a, b]$, $f_i = x^{i-1}$ $i = 1, 2, \ldots, 2n$

$$f^*(f) = \int_a^b f \, d\alpha \, (\alpha \in BV), \quad f^*_{\alpha_i} f = f(\alpha_i) \; i = 1, 2, \ldots, n$$

mit $\alpha_i \in [a, b]$, $\alpha_i \neq \alpha_k$, $i \neq k$ und

$\omega_{n+i} = x^{i-1}(x - \alpha_1) \ldots (x - \alpha_n)$ $i = 1, 2, \ldots, n$, dann ergibt sich

Satz 7

(vgl. [11] S. 101)

Sei $\alpha \in BV[a, b]$, $\alpha_i \in [a, b]$ $\alpha_i \neq \alpha_k$, $i \neq k$. Dann gilt

$$(*) \int_a^b f \, d\alpha = \sum_{i=1}^{n} A_i f(\alpha_i)$$

für jedes Polynom vom Grad $2n - 1$ genau dann, falls

(i) (*) für jedes Polynom vom Grad $n - 1$ erfüllt ist und

(ii) $\int_a^b x^i \omega(x) \, d\alpha = 0$ für $i = 0, 1, 2, \ldots, (n-1)$ gilt.

$\omega(x) = (x - \alpha_1) \ldots (x - \alpha_n)$

Besitzt nun α unendlich viele Wachstumspunkte in $[a, b]$ und ist α dort monoton wachsend, dann besagt (ii), daß die α_i die Nullstellen des Orthogonalpolynoms $p_n(x; d\alpha)$ sein müssen (die alle reell und verschieden sind und in $[a, b]$ liegen). Das heißt, wir erhalten die GAUSS–JACOBI-Quadraturformeln zur Belegung $d\alpha$.

4. Konvergenz von Quadraturverfahren

Bevor wir die Konvergenz von Quadraturverfahren betrachten, machen wir eine Bemerkung über die Güte der Approximation eines linearen Funktionals $f^* \in C^*$, d. h.

$$f^*(f) = \int_a^b f \, d\alpha \quad (\alpha \in NBV),$$

durch Folgen von linearen Funktionalen $f_n^* \in C^*$ der Form

$$(*) \; f_n^*(f) = \sum_{i=n}^{n} A_{i,n} f(x_{i,n}), \; x_{i,n} \in [a, b], \; x_{i,n} \neq x_{k,n}, \; i \neq k.$$

Dieser Näherungsausdruck (*) wird durch die RIEMANN-STIELTJES-Zwischensumme motiviert, besitzt aber einen wesentlichen Unterschied zu dieser. Während der Ansatz (*) linear ist, ist eine RIEMANN-STIELTJES-Zwischensumme nicht notwendig linear. Die Linearität des Ausdrucks (*) schlägt sich in der Konvergenzgüte nieder. Denn es gilt der folgende

Satz 8

Es sei $f_n^*(f) = \sum_{k=1}^{n} A_{k,n} f(x_{k,n})$ ein Quadraturverfahren auf

$C[a, b]$ zur Annäherung an

$$f^*(f) = \int_a^b f \, d\alpha,$$

wobei $\alpha \in NVB$ ist und stetig und nicht konstant in einem Intervall $[c, d] \subset [a, b]$ sein möge.

Ferner sei $\varphi(x)$ eine beliebige auf $[1, \infty)$ definierte positive Funktion, so daß $\varphi(n) > 0 \; n = 1, 2, \ldots$ und $\lim_{n \to \infty} \varphi(n) = 0$. Dann existiert eine stetige Funktion $f(x)$, so daß

$$\varlimsup_{n \to \infty} \frac{|f_n^*(f) - f^*(f)|}{\varphi(n)} = \infty.$$

Beweis:

Gilt nämlich für jedes $f \in C$

$$\varlimsup_{n \to \infty} \frac{|f_n^*(f) - f^*(f)|}{\varphi(n)} < \infty,$$

dann ist die Folge $\left\{ \dfrac{1}{\varphi(n)} R_n^* f \right\}_{n=1}^{\infty}$ mit $R_n^* f = f_n^*(f) - f^*(f)$ für jedes $f \in C$ separat beschränkt, d. h es gilt

$$\left| \left(\frac{1}{\varphi(n)} R_n^* \right)(f) \right| \leq M(f) \; n = 1, 2, \ldots.$$

Daraus folgt aber mit dem Satz über die »gleichmäßige Beschränktheit« (uniform boundedness principle)

$$\left\| \frac{1}{\varphi(n)} R_n^* \right\|_{C^*} \leq K \ n = 1, 2, \ldots, \text{ oder}$$

$$\| R_n^* \|_{C^*} = 0(\varphi(n)).$$

Ist α_n der Erzeuger von f_n^* (d. h. $f_n^*(f) = \int\limits_a^b f \, d\alpha$), dann ist nach dem Darstellungssatz von F. RIESZ

$$\| f_n^* - f^* \|_{C^*} = V_a^b(\alpha - \alpha_n) \geq V_c^d(\alpha - \alpha_n).$$

Da α_n eine Treppenfunktion ist, und α auf $[c, d]$ stetig, gilt $V_c^d(\alpha - \alpha_n) = V_c^d \alpha + V_c^d \alpha_n \geq V_c^d \alpha$. Da α nicht konstant ist auf $[c, d]$, ist $V_c^d \alpha \neq 0$. Also ist

$$\| R_n^* \|_{C^*} \geq V_c^d \alpha \neq 0. \text{ Widerspruch.}$$

Ein weiteres Ergebnis, das aus der Linearität des Ansatzes (*) folgt, ist die Unmöglichkeit der Einschließung des Integralwertes.

RIEMANNsche Ober- und Untersummen zur Zerlegung $\mathfrak{z}$ $\Omega(f; \mathfrak{z})$, $\omega(f; \mathfrak{z})$ besitzen die folgende Einschließungseigenschaft:

$$\omega(f; \mathfrak{z}) \leq \int\limits_a^b f \, dx \leq \Omega(f; \mathfrak{z}) \text{ für jedes } f \in C.$$

Eine solche Einschließung ist bei konvergenten Quadraturverfahren auf C der Form (*) unmöglich:

Satz 9

Sei $\alpha \in NBV[a, b]$, stetig und nicht konstant auf einem Intervall $[c, d] \subset [a, b]$. Sei

$$f^*(f) = \int\limits_a^b f \, d\alpha.$$

Dann existiert kein konvergentes Quadraturverfahren der Form

$$f_n^*(f) = \sum_{k=n}^n A_{k,n} f(x_{k,n})$$

mit der Eigenschaft

$$f_n^*(f) \leq f^*(f) \text{ für jedes } f \in C.$$

Beweis:

Gäbe es ein solches Quadraturverfahren, dann wäre $R_n^* = f^* - f_n^*$ ein positives lineares Funktional. Man sieht leicht, daß dann $\| R_n^* \|_{C^*} = R_n(1)$ gilt. Wie im Beweis von Satz 8 zeigt man, daß eine Konstante $k > 0$ existiert, so daß $\| R_n^* \|_{C^*} \geq k$ gilt, was aber im Widerspruch zur Konvergenz des Verfahrens steht.

Eine einheitliche Darstellung der Konvergenzsätze für Quadraturverfahren auf C und C^m ($m \geq 1$) (HERMITEsche Quadraturverfahren) gelingt sehr einfach mit den Darstellungssätzen von F. Riesz (C^*) und A. Sard (C^{m*}) in Verbindung mit dem Satz von Banach-Steinhaus.

Definition 3:

$$\mathfrak{D}(t,x) = \begin{cases} 1 & t \geq x \\ 0 & t < x \end{cases}; \mathfrak{D}_n(t,x) = \begin{cases} 1 & t \geq x \\ 0 & x \geq t + \frac{1}{n} \\ 1 + n(t-x) & t < x < t + \frac{1}{n} \end{cases}$$

Die Darstellungssätze lauten:

Satz A

(Darstellungssatz für C^*) (F. Riesz) (vgl. [15] S. 135)

Sei $f^* \in C^*[a,b]$; dann existiert genau ein

$\alpha(t) \in NBV[a,b]$, so daß für alle $f \in C$

$$f^*(f) = \int_a^b f \, d\alpha$$

gilt. Ferner ist

(i) $\alpha(t) = \begin{cases} \lim\limits_{n \to \infty} f^* \mathfrak{D}_n(t,x) & t > a \\ 0 & t = a \end{cases}$

(ii) $\|f^*\|_{C^*} = V_a^b \alpha$.

Satz B

(Darstellungssatz für C^{m*} $m \geq 1$) (A. Sard) (vgl. [15] S. 139)

Sei $f^* \in C^{m*}[a,b]$; dann existieren eindeutige Konstanten c_i $i = 0, \ldots, (m-1)$ und eindeutiges $\alpha \in NBV[a,b]$, so daß

$$f^*(f) = \sum_{i=0}^{m-1} c_i f^{(i)}(a) + \int_a^b f^{(m)} \, d\alpha \text{ für jedes } f \in C^m$$

mit

(i) $c_i = f^*\left(\frac{(x-a)^i}{i!}\right)$

(ii) $\alpha(t) = \begin{cases} \lim\limits_{n \to \infty} f^*\left\{\int_a^x \frac{(x-y)^{m-1}}{(m-1)!} \mathfrak{D}_n(t,y) \, dy\right\}, & t > a \\ 0, & t = a \end{cases}$

(iii) $\|f^*\|_{C^{m*}} = \sum_{i=0}^{m-1} |c_i| + V_a^b \alpha$.

Dabei ist $C^m[a,b]$ normiert durch

$$\|f\|_{C^m} = \max\{|f(a)|, |f'(a)|, \ldots, |f^{(m-1)}(a)|, \|f^{(m)}\|_C\};$$

C^m ist ein BANACHraum unter dieser Norm.

Da z. B. die Polynome in den Räumen C, C^m dicht sind, ergeben sich also mit dem Satz von BANACH-STEINHAUS die folgenden Konvergenzsätze für Folgen von linearen Funktionalen aus C^* bzw. C^{m*} ($m \geq 1$).

Satz C

Sei $\{f_n^*\}_{n=1}^\infty$ aus $C^*[a, b]$ und $\{\alpha_n\}_{n=1}^\infty$ die Folge der Erzeuger der Funktionale, die sich nach Satz A berechnen. Sei $f^* \in C^*$ ein gegebenes Funktional. Dann gilt

$$\lim_{n \to \infty} f_n^*(f) = f^*(f) \text{ für jedes } f \in C \text{ genau dann, falls}$$

(i) dies für alle Polynome gilt und

(ii) eine Konstante $M > 0$ existiert, so daß

$$V_a^b \alpha_n \leq M \quad n = 1, 2, \ldots$$

Satz D

Sei $\{f_n^*\}_{n=1}^\infty$ aus $C^{m*}[a, b]$ und $\{\alpha_n\}_{n=1}^\infty$ die Folge der entsprechenden Funktionen aus Satz $B(ii)$. Sei $f^* \in C^{m*}$ ein gegebenes Funktional. Dann gilt

$$\lim_{n \to \infty} f_n^*(f) = f^*(f) \text{ für jedes } f \in C^m \text{ genau dann, falls}$$

(i) dies für alle Polynome gilt und

(ii) eine Konstante $M > 0$ existiert, so daß

$$V_a^b \alpha_n \leq M \quad n = 1, 2, \ldots$$

Eine einfache, aber längere Rechnung führt dann mit Satz C, D zu dem folgenden Konvergenzsatz für Quadraturverfahren auf C und C^m.

Satz 10

(vgl. [5])

a) (G. POLYA)

Sei $f_n^*(f) = \sum_{k=1}^n A_{k,n} f(x_{k,n})$ ein Quadraturverfahren auf $C[a, b]$, und $f^*(f) = \int_a^b f \, d\alpha$ $\alpha \in BV$. Dann gilt $\lim_{n \to \infty} \sum_{k=1}^n A_{k,n} f(x_{k,n}) = \int_a^b f \, d\alpha$ für jedes $f \in C$ genau dann, falls dies

(i) für jedes Polynom gilt und

(ii) eine Konstante $M > 0$ existiert, so daß

$$\sum_{k=1}^n |A_{k,n}| \leq M \quad n = 1, 2, \ldots$$

b) Sei

$$f_n^*(f) = \sum_{k=1}^n A_{k,n} f(x_{k,n}) + \sum_{\mu=1}^m \sum_{k=1}^n B_{k,n}^\mu f^{(\mu)}(x_{k,n})$$

ein Quadraturverfahren auf $C^m[a, b]$ $(m \geq 1)$, und $f^*(f) = \int_a^b f \, d\alpha \; \alpha \in BV$. Dann gilt

$$\lim_{n \to \infty} \{ \sum_{k=1}^{n} A_{k,n} f(x_{k,n}) + \sum_{\mu=1}^{m} \sum_{k=1}^{n} B_{k,n}^{\mu} f^{(\mu)}(x_{k,n}) \} = \int_a^b f \, d\alpha$$

für jedes $f \in C^m[a, b]$ genau dann, falls dies

(i) für jedes Polynom gilt, und

(ii) eine Konstante $M > 0$ existiert, so daß

$$\sum_{j=0}^{n} \int_{x_{j,n}}^{x_{j+1,n}} \Big| \sum_{k=j+1}^{n} A_{k,n} \frac{(x_{k,n} - t)^{m-1}}{(m-1)!} + \sum_{\mu=1}^{m-1} \sum_{k=j+1}^{n} B_{k,n}^{\mu} \frac{(x_{k,n} - t)^{m-\mu-1}}{(m-\mu-1)!} \Big| \, dt$$

$$+ \sum_{k=1}^{n} | B_{k,n}^m | \leq M \quad n = 1, 2, \ldots \; (x_{0,n} = a, x_{n+1,n} = b).$$

4.1 Spezielle Konvergenzsätze für Quadraturverfahren auf C

Für die Integration von Meßwertfunktionen, die an äquidistanten Stellen bekannt sind (und als mindestens stetig angenommen werden), werden häufig die NEWTON–COTES-Formeln benutzt, die man bekanntlich durch Integration des LAGRANGE-Interpolationspolynoms für äquidistante Stützstellen erhält. Es ist aber bekannt, daß es mindestens eine stetige Funktion gibt, für die dieses Quadraturverfahren divergiert (R. KUSMIN). Interessant ist auch, daß ab $n = 8$

$$(\sum_{k=1}^{n} A_{k,n} f(x_{k,n})$$

zum ersten Mal unter den Gewichten $A_{k,n}$ negative auftauchen. L. COLLATZ stellte in [2], S. 88, die Frage, ob es eine Teilfolge der NEWTON–COTES-Formeln gäbe, die nur positive Gewichte besäßen. Dieses Quadraturverfahren wäre dann konvergent und für diese Teilfolge würde gelten

$$\sum_{k=1}^{n_j} A_{k,n_j} = \sum_{k=1}^{n_j} | A_{k,n_j} | = \int_a^b 1 \, dx.$$

Es läßt sich aber zeigen, daß es überhaupt keine konvergente Teilfolge der NEWTON–COTES-Formeln geben kann, also auch keine mit positiven Gewichten (vgl. [9]). Man kann aber nach einer Vorgehensweise von S. FILIPPI die NEWTON–COTES-Formeln in »zusammengesetzter Form« verwenden. Dieses Quadraturverfahren konvergiert für jede stetige Funktion (vgl. [7]).

Definition 4:

Sei $f_n^*(f) = \sum_{k=1}^{n} A_k f(x_k)$ ein Quadraturverfahren auf $C[0,1]$.

$$\alpha_k^{\sigma} = a + \frac{b-a}{N} \sigma + \frac{b-a}{N} x_k \quad \sigma = 0, 1, \ldots, (N-1);$$

$$k = 1, 2, \ldots, n.$$

Dann heißt $Z_N(f_n^*; f) = \dfrac{b-a}{N} \sum\limits_{\sigma=0}^{N-1} \sum\limits_{n=1}^{n} A_k f(\alpha_k)$

die *von f_n^* erzeugte zusammengesetzte Quadraturformel auf $C[a,b]$*.

Ist $a_\sigma = a + \dfrac{b-a}{N} \sigma \quad \sigma = 0, 1, \ldots, (N-1)$ und

$\int\limits_a^b f \, dx = \sum\limits_{\sigma=0}^{N-1} \int\limits_{a_\sigma}^{a_{\sigma+1}} f \, dx$, dann entsteht

$Z_N(f_n^*; f)$ dadurch, daß man jedes Integral in der letzten Summe durch die auf $[a_\sigma, a_{\sigma+1}]$ transformierte Quadraturformel f_n^* auswertet.

Es gilt der folgende

Satz 11

Sei $f_n^*(f) = \sum\limits_{k=1}^n A_k f(x_k)$ ein Quadraturverfahren auf $C[0,1]$ und $Z_N(f_n^*; f)$ die von f_n^* erzeugte zusammengesetzte Quadraturformel auf $C[a,b]$. Dann gilt $\lim\limits_{N \to \infty} Z_N(f_n^*; f) = \int\limits_a^b f \, dx$ für jede RIEMANN-integrierbare Funktion genau dann, falls

$f_n^*(1) = \sum\limits_{k=1}^n A_k = 1$.

Beweis:

$\Rightarrow$: $Z_N(f_n^*; 1) = (b-a) \sum\limits_{k=1}^n A_k$; dann folgt wegen der Konvergenz $\sum\limits_{k=1}^n A_k = 1$.

$\Leftarrow$: (s. [4], S. 25)

$\dfrac{(b-a)}{N} \sum\limits_{\sigma=0}^{N-1} f(\alpha_k^\sigma)$ ist eine RIEMANNsche Zwischensumme, daher ist für jede RIEMANN-integrierbare Funktion

$\lim\limits_{N \to \infty} Z_N(f_n^*; f) = \sum\limits_{k=1}^n A_k \int\limits_a^b f \, dx = \int\limits_a^b f \, dx$.

Das heißt | nur konsistente Quadraturverfahren f_n^*
| $(f_n^*(1) = \int\limits_0^1 1 \, dx = 1)$
| können in zusammengesetzter Form konvergieren.

Ist ein Quadraturverfahren auf C für Polynome bis zum Grad $m(n)$ exakt mit $\lim\limits_{n \to \infty} m(n) = \infty$, dann konvergiert das Quadraturverfahren nach Satz 10a für jede stetige Funktion, falls

$\sum\limits_{k=1}^n |A_{k,n}| \leqq M \quad n = 1, 2, \ldots$

Auf Unterräumen von C kommt man natürlich mit einer schwächeren Bedingung aus:

Satz 12

Sei $f_n^*(f) = \sum\limits_{k=1}^{n} A_{k,n} f(x_{k,n})$ ein Quadraturverfahren auf $C[a, b]$, das Polynome bis zum Grad $m(n)$ mit $\lim\limits_{n \to \infty} m(n) = \infty$ exakt integriert:

$$f_n^*(x^i) = f^*(x^i) = \int_a^b x^i d\alpha \quad i = 0, 1, \ldots, m(n).$$

Dann gilt:

(i) Das Quadraturverfahren konvergiert für jedes $f \in C$ mit

$$\lim_{n \to \infty} \sum_{k=1}^{n} |A_{k,n}| \, \omega\left(f; \frac{1}{m(n)}\right) = 0.$$

(ii) Ist $\sum\limits_{k=1}^{n} |A_{k,n}| = o(m(n)^{r+\beta}) \, r \geq 0, 0 < \beta \leq 1$,

dann konvergiert das Quadraturverfahren für jedes $f \in C$ mit $f^{(r)} \in \text{Lip } \beta$, $\text{Lip } \beta = \{f; \omega(f; \delta) = 0(\delta^\beta), 0 < \beta \leq 1\}$.

Beweis:

Sei t_m das Polynom bester Approximation vom Grad m zu $f \in C$; dann ist

$$|f_n^*(f) - f^*(f)| \leq |f_n^*(f) - f_n^*(t_m)| + |f^*(t_m) - f^*(f)|$$

$$\leq \{\|f_n^*\|_{C^*} + \|f^*\|_{C^*}\} E_m(f) \text{ mit}$$

$$E_m(f) = \inf_{a_k} \|f - \sum_{k=1}^{m} a_k x^k\|_C$$

Nach dem 1. JACKSON-Satz ist für jedes $f \in C$

$$E_m(f) = 0\left(\omega\left(f; \frac{1}{m}\right)\right),$$

und nach dem 2. JACKSON-Satz ist für $f \in C$ mit

$$f^{(r)} \in \text{Lip } \beta \quad E_m(f) = 0\left(\frac{1}{m^{r+\beta}}\right).$$

Damit ergibt sich sofort die Behauptung.

Eine Anwendung dieses Satzes ist der

Satz 13

Es sei α monoton wachsend auf $[a, b]$ und besitze dort unendlich viele Wachstumspunkte, $x_{k,n} \, k = 1, 2, \ldots, n$ seien die Nullstellen des Orthogonalpolynoms $p_n(x; d\alpha)$ und g sei eine bezüglich $d\alpha$ quadratisch integrierbare Funktion. Ferner sei

$$f_n^*(f) = \int_a^b L_n(f; x) g \, d\alpha = \sum_{k=1}^{n} B_{k,n} f(x_{k,n}), f \in C,$$

wobei $L_n(f; x)$ das LAGRANGE-Interpolationspolynom der Funktion f bezüglich der Knoten $x_{k,n} \, k = 1, 2, \ldots, n$ bedeutet.

Dann gilt für jedes $f \in \text{Lip } \beta$ mit $\beta > 1/2$

$$\lim_{n \to \infty} \sum_{k=1}^{n} B_{k,n} f(x_{k,n}) = \int_{a}^{b} f \cdot g \, d\alpha.$$

Beweis:

Sind $l_{k,n}(x)$ die LAGRANGE-Grundpolynome 1. Art, dann ist

$$|B_{k,n}| = |\int_{a}^{b} l_{k,n} g \, d\alpha| \leq \{\int_{a}^{b} l_{k,n}^{2} \, d\alpha\}^{1/2} \cdot \{\int_{a}^{b} g^{2} \, d\alpha\}^{1/2}$$

$$= A_{k,n}^{1/2} \cdot \{\int_{a}^{b} g^{2} \, d\alpha\}^{1/2},$$

wobei die $A_{k,n}$ die Gewichte der GAUSS–JACOBI-Quadraturformel zur Belegung $d\alpha$ sind;

(es gilt $A_{k,n} = \int_{a}^{b} l_{k,n} \, d\alpha = \int_{a}^{b} l_{k,n}^{2} \, d\alpha$).

Also ist $\sum_{k=1}^{n} |B_{k,n}| = 0 \, (\sum_{k=1}^{n} A_{k,n}^{1/2}) = 0(n^{1/2})$,

da $\sum_{k=1}^{n} A_{k,n}^{1/2} \leq \{\sum_{k=1}^{n} A_{k,n}\}^{1/2} \cdot n^{1/2} = \{\alpha(b) - \alpha(a)\}^{1/2} \cdot n^{1/2}$.

Daraus ergibt sich mit Satz 12 (i) die Behauptung.

Das Quadraturverfahren konvergiert also insbesondere für jede stetig differenzierbare Funktion ($\beta = 1$).

Für absolut stetiges α ist die Abschätzung aus dem Beweis von Satz 12

$$|f_n^*(f) - f^*(f)| \leq \{\|f_n^*\|_{C^*} + \|f^*\|_{C^*}\} \cdot E_m(f)$$

Grundlage der Dissertation von F. LOCHER [12]. Für den Fall $\alpha = x$ ist dort konstruktiv bewiesen, daß sich die obige Abschätzung nicht verbessern läßt, d. h.

$$\sup_{\substack{f \in C \\ f \notin P_m}} \frac{|\sum_{k=1}^{n} A_{k,n} f(x_{k,n}) - \int_{a}^{b} f \, dx|}{E_m(f)} = \{\sum_{k=1}^{n} |A_{k,n}| + (b-a)\}.$$

Dieses Ergebnis gilt allgemein für den Fall $\alpha \in C \cap NBV$:

Zunächst beweist man das

Lemma 2

(s. [5])

Sei $f^*(f) = \int_{a}^{b} f \, d\alpha \; f \in C[a,b]$ mit $\alpha \in C \cap NBV$ und $f_n^*(f) = \sum_{k=1}^{n} A_{k,n} f(x_{k,n})$ ein Quadraturverfahren auf $C[a,b]$. Dann ist

$$\|f^* - f_n^*\|_{C^*} = \|f^*\|_{C^*} + \|f_n^*\|_{C^*}.$$

Und mit Hilfe dieses Lemmas ergibt sich dann der

Satz 14

(s. [5])

Sei $f^*(f) = \int_a^b f \, d\alpha$ $f \in C[a,b]$ mit $\alpha \in C \cap NBV$, und $f_n^*(f) = \sum_{k=1}^n A_{k,n} f(x_{k,n})$ ein Quadraturverfahren auf $C[a,b]$, das für Polynome bis zum Grad m exakt ist, d. h. $f_n^*(x^i) = f^*(x^i)$ $i = 0, 1, 2, \ldots, m$.

Dann läßt sich die Abschätzung

$$\left| \sum_{k=1}^n A_{k,n} f(x_{k,n}) - \int_a^b f \, d\alpha \right| \leq \left\{ \sum_{k=1}^n |A_{k,n}| + V_a^b \alpha \right\} E_m(f)$$

nicht verbessern.

4.2 Quadraturverfahren auf C mit positiven Gewichten

In diesem Abschnitt betrachten wir Quadraturverfahren auf C mit positiven Gewichten $A_{k,n}$. Solche Quadraturverfahren konvergieren genau dann für jede stetige Funktion, falls sie für alle Polynome konvergieren.

$$\left(\sum_{k=1}^n A_{k,n} = \sum_{k=1}^n |A_{k,n}| \right).$$

Dies ist der bekannte Satz von W. STEKLOV.

Schreibt man die Quadraturformel als STIELTJES-Integral

$$f_n^*(f) = \sum_{k=1}^n A_{k,n} f(x_{k,n}) = \int_a^b f \, d\alpha_n$$

mit $\alpha_n \in NBV$, und konvergiert dieses Quadraturverfahren für jede stetige Funktion gegen

$$\int_a^b f \, d\alpha \text{ mit } \alpha \in NBV,$$

dann kann man mit Hilfe der Sätze von E. HELLY (vgl. [13], S. 250, S. 262) zeigen, daß eine Teilfolge $\{\alpha_{n_k}\}_{k=1}^\infty$ von $\{\alpha_n\}_{n=1}^\infty$ existiert mit der Eigenschaft, daß

(i) $\lim_{k \to \infty} \alpha_{n_k}(x) = \alpha(x)$ f. ü. in $[a,b]$

(ii) $\lim_{k \to \infty} \alpha_{n_k}(b) = \alpha(b)$.

Sind aber die Gewichte des Quadraturverfahrens positiv, dann ist notwendig und hinreichend für die Konvergenz, daß

(i) $\lim_{n \to \infty} \alpha_n(x) = \alpha(x)$ in jedem Stetigkeitspunkt von α und

(ii) $\lim_{n \to \infty} \alpha_n(b) = \alpha(b)$ gilt.

Dieses letzte Ergebnis folgert man unmittelbar aus einem Satz von J. KARAMATRA (s. [14], S. 112). Ist dann $\alpha \in C \cap NBV$, dann ist also für die Konvergenz des Quadraturverfahrens (positive Gewichte) die punktweise Konvergenz von $\alpha_n(x)$ gegen $\alpha(x)$

notwendig und hinreichend. Nach einem Lemma der Analysis muß dann aber die Konvergenz, da α_n für jedes n eine monoton wachsende Funktion ist, gleichmäßig sein. Damit haben wir den

Satz 15

a) Sei $f_n^*(f) = \sum\limits_{k=1}^{n} A_{k,n} f(x_{k,n}) = \int\limits_a^b f \, d\alpha_n$ $\alpha_n \in NBV$ ein Quadraturverfahren auf C mit positiven Gewichten. Es sei $f^*(f) = \int\limits_a^b f \, d\alpha$ mit $\alpha \in C \cap NBV$.

Dann sind die folgenden Aussagen äquivalent:

(i) $\lim\limits_{n \to \infty} \sum\limits_{k=1}^{n} A_{k,n} f(x_{k,n}) = \int\limits_a^b f \, d\alpha$ für jedes $f \in C$

(ii) $\lim\limits_{n \to \infty} \sum\limits_{k=1}^{n} A_{k,n} x_{k,n}^i = \int\limits_a^b x^i \, d\alpha$ $i = 0, 1, 2, \ldots$

(iii) $\lim\limits_{n \to \infty} \alpha_n(x) = \alpha(x)$ punktweise in $x \in [a, b]$

(Es ist klar, daß α monoton wachsend sein muß, da α_n wächst.)

(iv) $\lim\limits_{n \to \infty} \alpha_n(x) = \alpha(x)$ gleichmäßig in $x \in [a, b]$.

b) Ist α nur aus NBV, dann fällt Punkt (iv) fort, und Punkt (iii) ist zu ersetzen durch:

$\alpha_n \to \alpha$ in jedem Stetigkeitspunkt von α und $\alpha_n(b) \to \alpha(b)$.

L. FEJER hat in [6] ohne die Mittel der Funktionsanalysis bewiesen, daß bei konvergenten Quadraturverfahren auf C mit positiven Gewichten zur Annäherung von $\int\limits_a^b f \, dx$ notwendig $\lim\limits_{n \to \infty} \max\limits_{k=1,2,\ldots,n} A_{k,n} = 0$ gelten muß. Dieses Ergebnis haben wir in [10] mit einem zu Satz 15 analogen Satz für $\alpha = x$ aus der gleichmäßigen Konvergenz der α_n geschlossen. Dieses Ergebnis bleibt bestehen für den allgemeinen Fall $\alpha \in C \cap NBV$.

Es gilt das

Lemma 3

Sei $f_n^*(f) = \sum\limits_{k=1}^{n} A_{k,n} f(x_{k,n})$ ein für jedes $f \in C[a,b]$ gegen $\int\limits_a^b f \, d\alpha$ mit $\alpha \in C \cap NBV$ konvergentes Quadraturverfahren mit positiven Gewichten. Dann gilt

(i) $\lim\limits_{n \to \infty} \max\limits_{k=1,2,\ldots,n} A_{k,n} = 0$

(ii) $\lim\limits_{n \to \infty} \sum\limits_{k=1}^{n} A_{k,n}^2 = 0$

Beweis von

(ii) $\sum\limits_{k=1}^{n} A_{k,n}^2 \leq \max\limits_{k=1,2,\ldots,n} A_{k,n} \sum\limits_{k=1}^{n} A_{k,n} \to 0$ $(n \to \infty)$

Man sieht leicht, daß (i) und (ii) i. a. nicht gilt, wenn α nur aus NBV ist.

Wie in [10] für den Fall $\alpha = x$ läßt sich auch für $\alpha \in C \cap NBV$ ein einfaches geometrisches Konstruktionsprinzip für konvergente Quadraturverfahren mit positiven Gewichten aufstellen, das auf der gleichmäßigen Konvergenz der α_n gegen α beruht.

Die Größe $\sum_{k=1}^{n} A_{k,n}^2$ nennt man die Varianz des Quadraturverfahrens, und sie ist ein Maß für die Anhäufung der Rundungsfehler eines Quadraturverfahrens. Der folgende Satz hebt die Rolle der Varianz bei der Konvergenz hervor.

Satz 16

a) Es sei $\sum_{k=1}^{n} A_{k,n} f(x_{k,n})$ ein Quadraturverfahren auf $C[0,1]$ mit positiven Gewichten $A_{k,n}$ mit $\sum_{k=1}^{n} A_{k,n} = 1$.

Dann gilt

$$\lim_{n \to \infty} \sum_{k=1}^{n} A_{k,n} f(x_{k,n}) = \int_{0}^{1} f \, dx \text{ für jedes } f \in C[0,1]$$

genau dann, falls

(i) $\lim_{n \to \infty} \sum_{k=1}^{n} A_{k,n}^2 = 0$ und

(ii) $\lim_{n \to \infty} T_n(|\alpha_n - x|) = 0$

mit $T_n f = \sum_{k=1}^{n} A_{k,n} f(x_{k,n})$ und $\alpha_n =$ Erzeuger der Quadraturformel.

b) Unter denselben Voraussetzungen wie bei a) gilt $\lim_{n \to \infty} \sum_{k=1}^{n} A_{k,n} f(x_{k,n}) = \int_{0}^{1} f \, dx$ für jedes $f \in C[0,1]$ genau dann, falls

$$\lim_{n \to \infty} T(|\alpha_n - x|) = 0 \text{ mit } Tf = \int_{0}^{1} f \, dx.$$

Beweis a)

$\Rightarrow$: Nach Lemma 3 ist (i) klar.

$$T_n(|\alpha_n - x|) \leq \sup_{x \in [0,1]} |\alpha_n - x| \sum_{k=1}^{n} A_{k,n} \to 0 \quad (n \to \infty)$$

(Satz 15)

$\Leftarrow$: Wir setzen $a_k = \sum_{j=1}^{k} A_j$, $a_0 = 0$, $k = 0, 1, \ldots, n$ und lassen für die weitere Rechnung den Index n bei $A_{j,n}$ und $x_{j,n}$ fort.

$$|T_n(f) - T(f)| \leq \sum_{k=1}^{n} \int_{a_{k-1}}^{a_k} |f(x_k) - f(x)| \, dx \leq \sum_{k=1}^{n} \int_{a_{k-1}}^{a_k} \omega(f; |x - x_k|) \, dx$$

($\omega =$ Stetigkeitsmodul)

$$\leq \sum_{k=1}^{n} \int_{a_{k-1}}^{a_k} (1 + \lambda |x - x_k|) \omega\left(f; \frac{1}{\lambda}\right) dx \text{ für jedes } \lambda > 0$$

(da $\omega(f; \lambda \delta) \leq (1 + \lambda) \omega(f; \delta)$, $\lambda, \delta > 0$)

$$= \omega\left(f; \frac{1}{\lambda}\right)\{1 + \lambda \sum_{k=1}^{n} \int_{a_{k-1}}^{a_k} |x - x_k|\, dx\}. \quad (*)$$

Sei

$$\sum_{k=1}^{n} \int_{a_{k-1}}^{a_k} |x - x_k|\, dx = \{\sum_{\substack{k \\ x_k \in I_k}} + \sum_{\substack{k \\ x_k \notin I_k}}\} \int_{a_{k-1}}^{a_k} |x - x_k|\, dx = S_1 + S_2,$$

wobei

$$I_k = [a_{k-1}, a_k].$$

S_1: Für $x_k \in I_k$ ist $\int_{a_{k-1}}^{a_k} |x - x_k|\, dx \leq \frac{1}{2}(a_k - a_{k-1})^2 = \frac{1}{2} A_k^2$

also gilt

$$S_1 \leq \frac{1}{2} \sum_{k=1}^{n} A_k^2$$

S_2: Für $x_k \notin I_k$ folgt $\int_{a_{k-1}}^{a_k} |x - x_k|\, dx = \frac{1}{2}|(a_k - x_k)^2 - (a_{k-1} - x_k)^2|$,

also ist

$$S_2 \leq \sum_{k=1}^{n} A_k |A_1 + \ldots + A_k - x_k| + \frac{1}{2} \sum_{k=1}^{n} A_k^2$$
$$= T_n(|\alpha_n - x|) + \frac{1}{2} \sum_{k=1}^{n} A_k^2.$$

Damit folgt

$$S_1 + S_2 \leq T_n(|\alpha_n - x|) + \sum_{k=1}^{n} A_k^2.$$

Setzen wir nun in (*)

$$\lambda = \{\sum_{k=1}^{n} A_{k,n}^2 + T_n(|\alpha_n - x|)\}^{-1} > 0,$$

dann folgt, da für jedes stetige f $\lim_{\delta \downarrow 0} \omega(f; \delta) = 0$ ist,

$$\lim_{n \to \infty} |T_n f - Tf| = 0.$$

Beweis b)

$\Rightarrow$: Da α_n gleichmäßig gegen x konvergiert ($n \to \infty$), gilt $\lim_{n \to \infty} T(|\alpha_n - x|) = 0$.

$\Leftarrow$: Da nach Lemma 6 $\|T_n - T\|_{C^{1*}} = \int_0^1 |\alpha_n - x|\, dx$, konvergiert das Verfahren für jede stetig differenzierbare Funktion $f \in C^1[0,1]$; also auch für alle Polynome und daher für jede stetige Funktion.

$(\sum_{k=1}^{n} |A_{k,n}| = \sum_{k=1}^{n} A_{k,n} = 1).$

4.3 Quadraturverfahren auf C^m mit positiven Gewichten

In Analogie zu dem STEKLOV-Satz für den C-Fall beweist H. BANDEMER in [1] den

Satz 17

Es sei $f_n^*(f) = \sum_{k=1}^{n} A_{k,n} f(x_{k,n}) + \sum_{\mu=1}^{m} \sum_{k=1}^{n} B_{k,n}^\mu f^{(\mu)}(x_{k,n})$ mit $A_{k,n}, B_{k,n}^\mu \geqq 0$ ein Quadraturverfahren auf $C^m[a,b]$ zur Annäherung an $f^*(f) = \int_a^b f\,d\alpha$ $\alpha \in BV[a,b]$.

Dann konvergiert das Quadraturverfahren für jedes $f \in C^m[a,b]$ genau dann, falls es für alle Polynome konvergiert.

Man beweist nämlich aus der Konvergenz für $1, (x-a), \ldots, (x-a)^m$ die Existenz einer Konstanten $M > 0$, so daß

$$\sum_{k=1}^{n} |A_{k,n}| + \sum_{\mu=1}^{m} \sum_{k=1}^{n} |B_{k,n}^\mu| \leqq M \quad n = 1, 2, \ldots$$

und daraus die gleichgradige Beschränktheit der Normen

$$\|f_n^*\|_{C^{m*}}.$$

Mit dem Satz von BANACH–STEINHAUS folgt dann die Konvergenz.

Für Quadraturverfahren auf C mit positiven Gewichten konnten wir in Satz 15 die Konvergenz äquivalent durch die punktweise bzw. gleichmäßige Konvergenz der Erzeuger ausdrücken. Ähnliches gilt auch für HERMITEsche Quadraturverfahren: Zunächst ergibt sich aus dem Darstellungssatz (Satz B) das

Lemma 4

Es sei $f^*(f) = \int_a^b f\,d\alpha$, $f \in C^m[a,b]$, $\alpha \in BV[a,b]$ ein gegebenes Funktional aus C^{m*} mit seiner Darstellung

$$f^*(f) = \sum_{i<m} c_i f^{(i)}(a) + \int_a^b f^{(m)} d\tilde{\alpha}.$$

Dann ist $\tilde{\alpha} \in C \cap NBV$.

Dann beweist man das

Lemma 5

Es sei $f_n^*(f) = \sum_{k=1}^{n} A_{k,n} f(x_{k,n}) + \sum_{\mu=1}^{m} \sum_{k=1}^{n} B_{k,n}^\mu f^{(\mu)}(x_{k,n})$ ein Quadraturverfahren auf $C^m[a,b]$ mit seiner Darstellung

$$f_n^*(f) = \sum_{i=0}^{m-1} f^{(i)}(a) f_n^*\left(\frac{(x-a)^i}{i!}\right) + \int_a^b f^{(m)} d\tilde{\alpha}_n \quad \text{und}$$

$f^*(f) = \int_a^b f\,d\alpha$ mit $\alpha \in BV$ sei ein gegebenes Funktional aus C^{m*} mit der Darstellung

$$f^*(f) = \sum_{i=0}^{m-1} f^{(i)}(a) f^*\left(\frac{(x-a)^i}{i!}\right) + \int_a^b f^{(m)} d\tilde{\alpha}.$$

Dann gilt $\lim_{n\to\infty} f_n^*(f) = f^*(f)$ für jedes $f \in C^m$ genau dann, falls

(i) $\lim_{n\to\infty} \int_a^b g \, d\tilde{\alpha}_n = \int_a^b g \, d\tilde{\alpha}$ für jedes $g \in C$

(ii) $\lim_{n\to\infty} f_n^*(x^i) = f^*(x^i) \quad i = 0, 1, \ldots, (m-1)$.

Sind die $A_{k,n}$, $B_{k,n}^\mu$ positiv, dann ist $\tilde{\alpha}_n$ monoton wachsend auf $[a, b]$. Daher ergibt sich aus Lemma 4 und Lemma 5 wie im Beweis von Satz 15 der folgende Satz:

Satz 18

Es sei $f_n^*(f) = \sum_{k=1}^n A_{k,n} f(x_{k,n}) + \sum_{\mu=1}^m \sum_{k=1}^n B_{k,n}^\mu f^{(\mu)}(x_{k,n})$ ein Quadraturverfahren auf $C^m[a, b]$ mit nicht negativen Gewichten $A_{k,n}$, $B_{k,n}^\mu$ und

$$f_n^*(f) = \sum_{i<m} c_i^n f^{(i)}(a) + \int_a^b f^{(m)} \, d\tilde{\alpha}_n \text{ seine Darstellung.}$$

Sei $f^*(f) = \int_a^b f \, d\alpha$ ($\alpha \in BV$) ein gegebenes Funktional aus C^{m*} mit der Darstellung

$$f^*(f) = \sum_{i<m} c_i f^{(i)}(a) + \int_a^b f^{(m)} \, d\tilde{\alpha}$$

Dann sind die folgenden Aussagen äquivalent:

(i) $\lim_{n\to\infty} f_n^*(f) = f^*(f)$ für jedes $f \in C^m[a, b]$,

(ii) $\lim_{n\to\infty} f_n^*(f) = f^*(f)$ für jedes Polynom f,

(iii) $\lim_{n\to\infty} f_n^*(x^i) = f^*(x^i) \quad i = 0, 1, 2, \ldots, (m-1)$,

$\lim_{n\to\infty} \tilde{\alpha}_n(t) = \tilde{\alpha}(t)$ punktweise in $t \in [a, b]$,

(iv) $\lim_{n\to\infty} f_n^*(x^i) = f^*(x^i) \quad i = 0, 1, 2, \ldots, (m-1)$,

$\lim_{n\to\infty} \tilde{\alpha}_n(t) = \tilde{\alpha}(t)$ gleichmäßig in $t \in [a, b]$.

Zum Schluß dieses Abschnittes wollen wir Beziehungen zwischen starker und gleichmäßiger Konvergenz von Quadraturverfahren mit positiven Gewichten aufstellen. Dazu einige Bezeichnungen:

Für $m > 1$ sei

$$T_n^{m-1} f = \sum_{k=1}^n A_{k,n} f(x_{k,n}) + \sum_{\mu=1}^{m-1} \sum_{k=1}^n B_{k,n}^\mu f^{(\mu)}(x_{k,n}).$$

Dieses Quadraturverfahren besitzt auf C^{m-1} die Darstellung

$$T_n^{m-1} f = \sum_{i<m-1} T_n^{m-1}\left(\frac{(x-a)^i}{i!}\right) f^{(i)}(a) + \int_a^b f^{(m-1)} \, d\alpha_n^{m-1}.$$

Für $m = 1$ sei

$$T_n^0 f = \sum_{k=1}^{n} A_{k,n} f(x_{k,n}).$$

Dieses Quadraturverfahren besitzt auf $C^0 = C$ die Darstellung

$$T_n^0 f = \int_a^b f \, d\alpha_n^0.$$

Für $\alpha \in NBV$ setzen wir

$$Tf = \int_a^b f \, d\alpha = \begin{cases} \sum_{i<m} T\left(\dfrac{(x-a)^i}{i!}\right) + \int_a^b f^{(m)} \, d\alpha^m & \text{auf } C^m \quad m \geq 1 \\ \int_a^b f \, d\alpha^0 & \text{auf } C^0 = C, (\alpha^0 = \alpha) \end{cases}$$

Sei schließlich noch

$$T_n^m f = \sum_{k=1}^{n} A_{k,n} f(x_{k,n}) + \sum_{\mu=1}^{m} \sum_{k=1}^{n} B_{k,n}^\mu f^{(\mu)}(x_{k,n})$$

$$= \sum_{i<m} T_n^m\left(\frac{(x-a)^i}{i!}\right) f^{(i)}(a) + \int_a^b f^{(m)} \, d\alpha_n^m \text{ für } f \in C^m.$$

T_n^{m-1} entsteht also aus T_n^m, wenn man dort $B_{k,n}^m = 0$ setzt.

Man kann nun folgendes beweisen:

Lemma 6 (s. [5])

(i) a) für $m > 1$ ist α^m stetig differenzierbar auf $[a, b]$

    b) für $m = 1$ ist α^m absolut stetig

(ii) $\|T_n^m - T\|_{C^{m*}} = \sum_{i=0}^{m-1} \left|(T_n^m - T)\left(\dfrac{(x-a)^i}{i!}\right)\right| + \sum_{k=1}^{n} |B_{k,n}^m|$

$+ \int_a^b \left|\alpha^{m-1}(t) - \alpha_n^{m-1}(t) + (T_n^{m-1} - T)\left(\dfrac{(x-a)^{m-1}}{(m-1)!}\right)\right| dt$

für $m \geq 1$

Für den Fall von positiven Gewichten folgt der

Satz 19

Es sei $T_n^{m-1} f = \sum_{k=1}^{n} A_{k,n} f(x_{k,n}) + \sum_{\mu=1}^{m-1} \sum_{k=1}^{n} B_{k,n}^\mu f^{(\mu)}(x_{k,n})$ ein Quadraturverfahren auf $C^{m-1}[a, b]$ $m \geq 1$ mit positiven Gewichten $A_{k,n}, B_{k,n}^\mu$. Und es sei

$$Tf = \int_a^b f \, d\alpha \text{ mit } \alpha \in NBV[a, b].$$

Dann gilt

$$\lim_{n \to \infty} |T_n^{m-1} f - Tf| = 0 \text{ für jedes } f \in C^{m-1}[a, b]$$

genau dann, falls

$$\lim_{n \to \infty} \| T_n^{m-1} - T \|_{C^{m*}} = 0.$$

Das heißt T_n^{m-1} konvergiert auf $C^{m-1}[a,b]$ stark gegen T genau dann, falls T_n^{m-1} gleichmäßig gegen T in $C^m[a,b]$ konvergiert!

Beweis:

$\Rightarrow$: 1) $m > 1$; nach Satz 18 gilt $\lim\limits_{n \to \infty} \alpha_n^{m-1}(t) = \alpha^{m-1}(t)$ gleichmäßig in t. Also folgt mit Lemma 6 ($B_{k,n}^m = 0$) die Behauptung.

2) $m = 1$; nach Satz 15b gilt $\lim\limits_{n \to \infty} \alpha_n^0 = \alpha^0$ f. ü. Da α_n^0 monoton wachsend ist, und $\alpha_n^0(b) \to \alpha^0(b)$ gilt (Satz 15b), folgt $|\alpha_n^0(t)| \leq M$ $n = 1, 2, \ldots$

Daher gilt mit dem Satz von H. LEBESGUE über majorisierte Konvergenz

$$\lim_{n \to \infty} \int_a^b |\alpha_n^0 - \alpha^0|\, dt = 0.$$

Dann folgt mit Lemma 6 die Behauptung.

$\Leftarrow$: Gilt $\lim\limits_{n \to \infty} \| T_n^{m-1} - T \|_{C^{m*}} = 0$, dann konvergiert das Verfahren für alle Polynome und damit nach Satz 17 für jedes $f \in C^{m-1}[a,b]$.

Diesen Satz speziell auf das Quadraturverfahren $\sum\limits_{k=1}^{n} A_{k,n} f(x_{k,n}) = T_n f$ angewendet, ergibt den

Satz 20

Es sei $T_n f = \sum\limits_{k=1}^{n} A_{k,n} f(x_{k,n})$ ein Quadraturverfahren auf $C[a,b]$ mit positiven Gewichten $A_{k,n}$. Ferner sei $Tf = \int_a^b f\, d\alpha$ mit $\alpha \in NBV$. Dann gilt

$\lim\limits_{n \to \infty} T_n f = Tf$ für jedes $f \in C[a,b]$ genau dann, falls

$\lim\limits_{n \to \infty} \| T_n - T \|_{C^{m*}} = 0$ für $m = 1, 2, \ldots$.

Beweis:

$\Rightarrow$: (Induktion) $m = 1$: Da $T_n = T_n^0$, ergibt sich der Beweis aus Satz 19 für $m = 1$. Gilt für $k \geq 2$, k fest,

$\lim\limits_{n \to \infty} \| T_n - T \|_{C^{k-1*}} = 0$, dann gilt für jedes $f \in C^{k-1}$

$\lim\limits_{n \to \infty} |T_n f - Tf| = 0$. Wendet man nun Satz 19 an ($B_{k,n}^\mu = 0$), dann folgt die Behauptung.

$\Leftarrow$: s. Beweis von Satz 19 »$\Leftarrow$«.

Aus diesem Satz ergibt sich noch

Satz 21

Es sei $T_n f = \sum_{k=1}^{n} A_{k,n} f(x_{k,n})$ ein Quadraturverfahren auf $C^m[a, b]$ mit $m \geq 1$. $A_{k,n} \geq 0$. Ferner sei $Tf = \int_a^b f \, d\alpha$ mit $\alpha \in NBV$. Dann gilt

$$\lim_{n \to \infty} |T_n f - Tf| = 0 \text{ für jedes } f \in C^m[a, b] \text{ genau dann, falls}$$

$$\lim_{n \to \infty} \|T_n - T\|_{C^{m*}} = 0.$$

Das heißt | für diese Quadraturverfahren fällt im Raum C^m mit $m \geq 1$ die starke und die gleichmäßige Konvergenz zusammen. Dies ist nach Lemma 2 für $m = 0$ ($C^0 = C$) falsch.

5. Eine Bemerkung zur Fehlerabschätzung

Sei X ein LNR, $f^* \in X^*$, $f_n^* \in X^*$ $n = 1, 2, \ldots$ mit $\lim_{n \to \infty} f_n^*(f) = f^*(f)$. Für die Abschätzung des Fehlers schlägt P. J. DAVIS (s. z. B. [3], S. 345) $|f^*(f) - f_n^*(f)| \leq \|f^* - f_n^*\|_{X^*} \cdot \|f\|_X$ vor. Nach der Bedeutung der Norm eines Operators ist dies die beste Abschätzung, die $\|f\|_X$ explizit enthält. Diese Abschätzung ist natürlich nur dann sinnvoll, wenn auch $\lim_{n \to \infty} \|f^* - f_n^*\|_{X^*} = 0$ gilt. Die letzten Sätze haben gezeigt, daß eine Abschätzung des Quadraturfehlers nach dieser Methode für die Räume C^m $m \geq 1$ angebracht ist, wohingegen sie im Raum C ihren Sinn verliert (Lemma 2).

Sind Quadraturverfahren für Polynome bis zu einem bestimmten Grad m exakt, dann ist es üblich, das Restglied in der Form $|R_n(f)| = |f_n^*(f) - f^*(f)| \leq C_n(f^*, f_n^*) \|f^{(m+1)}\|_C$ anzugeben.

Wir werden jetzt das beste C_n dieser Abschätzung für interpolatorische HERMITEsche Quadraturformeln ermitteln:

Es gilt das folgende

Lemma 7

(s. [5])

Es sei X ein LNR, P eine stetige Projektion von X auf $R(P)$ ($R(P)$ = Wertebereich von P). Es sei $Q = I - P$ mit $\|Q\|_{[X, X]} \leq 1$, und $\varrho(f)$ sei durch $\varrho(f) = \|Qf\|$ definiert. Ferner sei $f^* \in X^*$ ein gegebenes Funktional mit $f^*(f) = 0$, falls $f \in R(P)$. Dann gilt

$$\sup_{\substack{f \\ \varrho(f) \neq 0}} \frac{|f^*(f)|}{\varrho(f)} = \|f^*\|_{X^*}$$

Als Anwendung dieses Lemmas haben wir den

Satz 22

Es sei $f_n^*(f) = \sum_{k=1}^{n} A_{k,n} f(x_{k,n}) + \sum_{\mu=1}^{m'} \sum_{k=1}^{n} B_{k,n}^{\mu} f^{(\mu)}(x_{k,n})$ ein Quadraturverfahren auf $C^{m'}[a,b]$ $m' \geq 1$ zur Annäherung an $f^*(f) = \int_a^b f\, d\alpha$ $\alpha \in NBV[a,b]$.

Das Quadraturverfahren sei exakt für Polynome bis zum Grad $m-1$ mit $m \geq m'$. In C^{m*} besitze f_n^* die Darstellung

$$f_n^*(f) = \sum_{i<m} c_{i,n} f^{(i)}(a) + \int_a^b f^{(m)}\, d\alpha_n^m$$

und f^* die Darstellung

$$f^*(f) = \sum_{i<m} c_i f^{(i)}(a) + \int_a^b f^{(m)}\, d\alpha^m.$$

Dann läßt sich die Abschätzung

$$|f_n^*(f) - f^*(f)| \leq P_n^m \|f^{(m)}\|_C \text{ mit } P_n^m = V_a^b(\alpha_n^m - \alpha^m)$$

für $f \in C^m$ nicht verbessern. Ferner ist

$$P_n^m = \|f_n^* - f^*\|_{C^{m*}}.$$

Beweis:

Setzen wir in Lemma 7 $X = C^m$ und

$$Pf = \sum_{i=0}^{m-1} f^{(i)}(a) \frac{(x-a)^i}{i!}.$$

Dann gilt

$$Qf = \int_a^x f^{(m)}(y) \frac{(x-y)^{m-1}}{(m-1)!}\, dy$$

und

$$\varrho(f) = \|Qf\|_{C^m} = \max\{|(Qf)(a)|, \ldots, |(Qf)^{(m-1)}(a)|, \|(Qf)^{(m)}(x)\|_C\} = \|f^{(m)}\|_C.$$

Und da noch

$$\|Qf\|_{C^m} = \|f^{(m)}\|_C \leq \|f\|_{C^m},$$

folgt mit Lemma 7

$$\sup_{f \notin P_{m-1}} \frac{|f_n^*(f) - f^*(f)|}{\|f^{(m)}\|_C} = \|f_n^* - f^*\|_{C^{m*}}.$$

Nach dem Darstellungssatz (Satz B) ist

$$\|f_n^* - f^*\|_{C^{m*}} = \sum_{i=0}^{m-1} \left|(f_n^* - f^*)\left(\frac{(x-a)^i}{i!}\right)\right| + V_a^b(\alpha_n^m - \alpha^m) = V_a^b(\alpha_n^m - \alpha^m).$$

6. Die »Neuen HERMITEschen Quadraturverfahren« von S. FILIPPI

In [8] stellte S. FILIPPI mittels der FEHLBERG-Transformation eine neue Klasse von HERMITEschen Quadraturformeln auf. Ist $f \in C^m[0,1]$, dann besitzt f nach der TAYLOR-Formel mit Integralrestglied die Darstellung

(1) $\quad f = \sum_{i=0}^{m-1} f^{(i)}(0) \frac{x^i}{i!} + \int_0^x f^{(m)}(y) \frac{(x-y)^{m-1}}{(m-1)!} dy;$

mit den Projektionsoperatoren

$$Pf = \sum_{i=0}^{m-1} f^{(i)}(0) \frac{x^i}{i!} \quad \text{und} \quad Qf = (I-P)f$$

gilt dann $f = Pf + Qf$. Qf nennt man die FEHLBERG-Transformation der Funktion $f \in C^m$. Integriert man (1), dann folgt

$$\int_0^1 f\,dx = \int_0^1 (Pf)\,dx + \int_0^1 Qf\,dx.$$

Für $\int_0^1 Qf\,dx$ wird ein Näherungsansatz der Form $\sum_{k=1}^n A_{k,n} f(x_{k,n})$ gemacht, und es entsteht die Quadraturformel

(2) $\quad T_n(f) = f^*(Pf) + f_n^*(Qf) \quad \text{mit} \quad f^*(f) = \int_0^1 f\,dx \quad \text{und}$

$$f_n^*(f) = \sum_{k=1}^n A_{k,n} f(x_{k,n}).$$

Die Quadraturformel (2) ist nach Konstruktion automatisch exakt für Polynome bis zum Grad $\leq m-1$: $T_n(x^i) = f^*(x^i)$ $i = 0, 1, \ldots, (m-1)$.
Wir werden nun die Formeln T_n der höchsten Genauigkeit ermitteln; d. h., wir werden bei gegebenen n, m solche T_n aufstellen, die für möglichst viele Potenzen x^{m+j} $j \geq 0$ exakt sind. In [8] sind spezielle Fälle ermittelt. Ferner werden wir die Konvergenz dieser Formeln für $f \in C^m$ beweisen. Da (2) exakt ist für Polynome bis zum Grad $m-1$, brauchen wir nur solche f_n^* zu konstruieren, für die $f_n^*(x^{m+i}) = f^*(x^{m+i})$ $i = 0, 1, 2, \ldots; j$ mit j maximal gilt.

Mit derselben Beweismethode wie in Satz 7 zeigt man den

Satz 23

Sei $x_{k,n} \in [0,1]$ ($x_{k,n} \neq x_{j,n}$, $k \neq j$). Dann gilt (*) $\int_0^1 f\,dx = \sum_{k=1}^n A_{k,n} f(x_{k,n})$ für $f = x^m P_{2n-1}$, wobei P_{2n-1} ein beliebiges Polynom vom Grad $\leq 2n-1$ ist, genau dann, falls

(i) (*) gilt für jedes f der Form $f = x^m P_{n-1}$, wobei P_{n-1} ein beliebiges Polynom vom Grad $\leq n-1$ ist. Das heißt genau dann, falls

$$A_{k,n} = \frac{1}{x_{k,n}^m} \int_0^1 l_{k,n}(x)\, x^m\, dx.$$

(ii) $\int_0^1 x^m \omega(x) P_l\,dx = 0$ für jedes Polynom P_l vom Grad $l \leq n-1$.

(ii) ist äquivalent damit, daß die $x_{k,n}$ die Nullstellen des Orthogonalpolynoms $P_n(x; x^m)$ zum Gewicht x^m sind. Da aber diese Nullstellen in $(0, 1)$ liegen (und alle voneinander verschieden sind), ist die Quadraturformel, die für Polynome der Form $x^m P_{2n-1}$ exakt ist, bestimmt. – Analog zu den GAUSS–JACOBI-Quadraturformeln schließt man, daß es keine Quadraturformeln der obigen Form gibt, die exakt sind für Polynome $x^m P_{2n}$; denn dann wäre das Verfahren auch exakt für $x^m \omega^2$, aber

$$\sum_{k=1}^{n} A_{k,n} x_{k,n}^m \omega^2(x_{k,n}) = 0 = \int_0^1 x^m \omega^2 dx > 0.$$

Die auf diese Weise bestimmten Quadraturverfahren der höchsten Genauigkeit (exakt für $x^m P_{2n-1}$) bezeichnen wir mit

(3) $\quad \tilde{f}_n^* f = \sum_{k=1}^{n} A_{k,n}^m f(x_{k,n}).$

Ausgeschrieben lautet dann die »neue HERMITEsche Quadraturformel« der höchsten Genauigkeit

(4) $\quad \bar{T}_n f = \sum_{k=1}^{n} A_{k,n}^m f(x_{k,n}) + \sum_{k=0}^{m-1} \frac{f^{(k)}(0)}{k!} \left\{ \frac{1}{k+1} - \sum_{j=1}^{n} A_{j,n}^m x_{j,n}^k \right\}$

Diese Quadraturformel ist also exakt für Polynome bis zum Grad $\leq m + 2n - 1$.

Es gilt:

Satz 24

(s. [5])

a) Sind $t_{k,n} \in (-1, +1)$ die Nullstellen des JACOBI-Polynoms $P_n^{(0,m)}(t)$, dann sind die $x_{k,n}$ aus (4) durch

$x_{k,n} = \frac{1}{2}(1 + t_{k,n})$ gegeben.

b) Sind $B_{k,n}^m$ die Gewichte der GAUSS–JACOBI-Quadraturformel auf $[-1, +1]$ zum Gewicht $(1 + t)^m$, dann sind die $A_{k,n}^m$ in (4) durch

$A_{k,n}^m = \frac{1}{2(1 + t_{k,n})^m} B_{k,n}^m > 0$ gegeben.

c) Für $f \in C^{m+2n}[0, 1]$ gilt

$R_n f = \int_0^1 f dx - \bar{T}_n f = \frac{1}{(m+2n+1)!} \left\{ \frac{(m+n)! \, n!}{(m+2n)!} \right\}^2 f^{(m+2n)}(\eta), \, 0 < \eta < 1.$

Die Konvergenz des Quadraturverfahrens (4) beweisen wir mit einer direkten Methode. Zwei weitere Methoden, die den Satz D benutzen, finden sich in [5].

Das Quadraturverfahren (4) schreiben wir mit (2) und (3) in der Form

$\bar{T}_n(f) = f^*(Pf) + \tilde{f}_n^*(Qf).$

Es gilt das folgende einfache Lemma:

Lemma 8

Es ist $\lim_{n\to\infty} \bar{T}_n(f) = f^*(f)$ für jedes $f \in C^m[0, 1]$ genau dann, falls

$$\lim_{n\to\infty} \bar{f}_n^*(f) = f^*(f) \text{ für jedes } f \in C_0^m[0, 1]$$

$$C_0^m[0, 1] = \{f \in C^m; f^{(i)}(0) = 0 \; i = 0, 1, \ldots, (m-1)\}.$$

Satz 25

Für jedes $f \in C^m[0, 1]$ gilt

$$\lim_{n\to\infty} \bar{T}_n(f) = f^*(f),$$

Beweis: s. [5]

Nach Lemma 8 reicht es aus zu zeigen, daß

$$\lim_{n\to\infty} \bar{f}_n^*(f) = f^*(f) \text{ gilt für jedes } f \in C_0^m.$$

Für $f \in C_0^m$ sei $B_j(f^{(m)}; x)$ das j-te BERNSTEIN-Polynom der Funktion $f^{(m)}$. Wir setzen

$$Q_j(x) = \int_0^x \frac{(x-t)^{m-1}}{(m-1)!} B_j(f^{(m)}; t) \, dt,$$

dann ist Q_j ein Polynom aus C_0^m; und wegen

$$f(x) = \int_0^x \frac{(x-t)^{m-1}}{(m-1)!} f^{(m)}(t) \, dt \text{ gilt } \lim_{j\to\infty} Q_j(x) = f(x) \text{ gleichmäßig in } x.$$

$$|f^*(f) - \bar{f}_n^*(f)| \leq |f^*(f) - f^*(Q_j)| + |f^*(Q_j) - \bar{f}_n^*(Q_j)| + |\bar{f}_n^*(Q_j) - \bar{f}_n^*(f)|$$

$$\leq \|f - Q_j\|_C + |f^*(Q_j) - \bar{f}_n^*(Q_j)| + \sum_{k=1}^n A_{k,n} \int_0^{x_{k,n}} \frac{(x_{k,n} - t)^{m-1}}{(m-1)!}$$

$$\cdot \{B_j(f^{(m)}; t) - f^{(m)}(t)\}| \, dt.$$

($A_{k,n} > 0$ nach Satz 24b)

$$\leq \|f - Q_j\|_C + |f^*(Q_j) - \bar{f}_n^*(Q_j)| + \|B_j(f^{(m)}; t) - f^{(m)}(t)\|_C$$

$$\cdot \sum_{k=1}^n A_{k,n} \frac{1}{m!} x_{k,n}^m.$$

Da aber

$$\frac{1}{m!} \sum_{k=1}^n A_{k,n} x_{k,n}^m = \frac{1}{m!} \int_0^1 x^m \, dx$$

und das Verfahren für jedes Polynom aus C_0^m konvergiert, folgt für $n \to \infty$ bei festem j

$$\overline{\lim_{n\to\infty}} |f^*(f) - \bar{f}_n^*(f)| \leq \|f - Q_j\|_C + \frac{1}{(m+1)!} \|B_j(f^{(m)}; t) - f^{(m)}(t)\|_C.$$

Hieraus ergibt sich aber für $j \to \infty$ die Behauptung.

Zeichenerklärungen

$BV[a, b]$	Menge der Funktionen von beschränkter Variation auf $[a, b]$
$C[a, b]$	Menge aller auf $[a, b]$ stetigen Funktionen
$C^m[a, b]$	Menge aller auf $[a, b]$ m-mal stetig differenzierbaren Funktionen
$E_m(f)$	$E_m(f) = \inf_{a_k} \| f - \sum_{k=0}^{m} a_k x^k \|_{C[a,b]}$
$K(A)$	konvexe Hülle der Menge A
LM	lineare Mannigfaltigkeit
$[A]$	die von A erzeugte LM
LNR	linearer, normierter Raum
X^*	Raum aller auf dem LNR X definierten linearen und beschränkten Funktionale
X^{**}	Raum aller auf X^* definierten linearen und beschränkten Funktionale
f^*	Element aus X^*
f^{**}	Element aus X^{**}
$NBV[a, b]$	Menge aller normalisierten Funktionen von beschränkter Variation auf $[a, b]$ ($\alpha \in NBV[a, b]$ genau dann, falls $\alpha \in BV[a, b]$ und $\alpha(a) = 0$, $\alpha(t) = \alpha(t + 0)$ $t \in [a, b]$)
$V_a^b \alpha$	totale Variation der Funktion α

Literaturverzeichnis

[1] BANDEMER, H., Über verallgemeinerte Interpolationsquadratur. Math. Nachr. *34* (1967), 379–387.
[2] COLLATZ, L., Funktionalanalysis und Numerische Mathematik. Springer Verlag, Berlin 1964.
[3] DAVIS, P. J., Interpolation und Approximation. Blaisdell Publishing Company, New York 1965.
[4] DAVIS, P. J., und P. RABINOWITZ, Numerical Integration. Blaisdell Publishing Company, Waltham 1967.
[5] ESSER, H., Neue Konvergenzsätze und Konstruktionsprinzipien zur Aufstellung von Quadraturverfahren. Dissertation, TH Aachen, 1970.
[6] FEJER, L., Mechanische Quadraturen mit positiven Cotesschen Zahlen. Math. Zeitschrift *37* (1933), 287–309.
[7] FILIPPI, S., Neue Gauß-Typ Quadraturformeln. Habilitationsschrift, TH Aachen, 1964.
[8] FILIPPI, S., Neue Hermite'sche Quadraturformeln. Monatshefte für Mathematik *71* (1967), 123–142.
[9] FILIPPI, S., und H. ESSER, Nachweis der Nichtexistenz einer konvergenten Teilfolge zu den Newton-Cotes Quadratur und Kubaturformeln. elektronische datenverarbeitung *10* (1968), 14/15.
[10] FILIPPI, S., und H. ESSER, Eine Reihe neuer Sätze und Ergebnisse zur numerischen Quadratur. elektronische datenverarbeitung *4* (1969) 166–180.
[11] KRYLOV, V. I., Approximate Calculation of Integrals. The Mc. Millian Company, New York 1962.
[12] LOCHER, F., Approximationsverfahren zur Gewinnung von ableitungsfreien Schranken für Quadraturfehler. Dissertation Uni Tübingen, 1968.
[13] NATANSON, I. P., Theorie der Funktionen einer reellen Veränderlichen. Akademie Verlag, Berlin 1961.
[14] RIESZ, F., und Sz. B. NAGY, Vorlesungen über Funktionalanalysis. VEB Deutscher Verlag der Wissenschaften, Berlin 1956.
[15] SARD, A., Linear Approximation. American Math. Society 190 Hope Street, Providence Rhode Island, 1963.
[16] SARD, A., Best approximate integration formulas, best approximate formulas. Amer. J. of Math. *71* (1949) 80–91.
[17] SCHOENBERG, I. J., On best Approximation of Linear Operators. Proc. Nederl. Ak. A *67* (1964) 155–163.
[18] TAYLOR, A. E., Introduction to Functional Analysis. John Wiley and Sons, New York 1963.
[19] TSCHAKALOFF, V. M., Formules de Cubatures Méchaniques A coefficients non négatifs, Bull. Sci. Math. *81* (1957), 123–134.
[20] VALENTINE, F. A., Konvexe Mengen. Bibliographisches Institut Bd. 402, 402a, Mannheim 1968.

Forschungsberichte des Landes Nordrhein-Westfalen

Herausgegeben im Auftrage des Ministerpräsidenten Heinz Kühn
von Staatssekretär Professor Dr. h. c. Dr. E. h. Leo Brandt

Sachgruppenverzeichnis

Acetylen · Schweißtechnik
Acetylene · Welding gracitice
Acétylène · Technique du soudage
Acetileno · Técnica de la soldadura
Ацетилен и техника сварки

Arbeitswissenschaft
Labor science
Science du travail
Trabajo científico
Вопросы трудового процесса

Bau · Steine · Erden
Constructure · Construction material ·
Soil research
Construction Matériaux de construction ·
Recherche souterraine
La construcción · Materiales de construcción ·
Reconocimiento del suelo
Строительство и строительные материалы

Bergbau
Mining
Exploitation des mines
Minería
Горное дело

Biologie
Biology
Biologie
Biologia
Биология

Chemie
Chemistry
Chimie
Quimica
Химия

Druck · Farbe · Papier · Photographie
Printing · Color · Paper · Photography
Imprimerie · Couleur · Papier · Photographie
Artes gráficas · Color · Papel · Fotografía
Типография · Краски · Бумага · Фотография

Eisenverarbeitende Industrie
Metal working industry
Industrie du fer
Industria del hierro
Металлообрабатывающая промышленность

Elektrotechnik · Optik
Electrotechnology · Optics
Electrotechnique · Optique
Electrotécnica · Optica
Электротехника и оптика

Energiewirtschaft
Power economy
Energie
Energía
Энергетическое хозяйство

Fahrzeugbau · Gasmotoren
Vehicle construction · Engines
Construction de véhicules · Moteurs
Construcción de vehículos · Motores
Производство транспортных средств

Fertigung
Fabrication
Fabrication
Fabricación
Производство

Funktechnik · Astronomie
Radio engineering · Astronomy
Radiotechnique · Astronomie
Radiotécnica · Astronomía
Радиотехника и астрономия

Gaswirtschaft
Gas economy
Gaz
Gas
Газовое хозяйство

Holzbearbeitung
Wood working
Travail du bois
Trabajo de la madera
Деревообработка

Hüttenwesen · Werkstoffkunde
Metallurgy · Materials research
Métallurgie · Matériaux
Metalurgia · Materiales
Металлургия и материаловедение

Kunststoffe
Plastics
Plastiques
Plásticos
Пластмассы

Luftfahrt · Flugwissenschaft
Aeronautics · Aviation
Aéronautique · Aviation
Aeronáutica · Aviación
Авиация

Luftreinhaltung
Air-cleaning
Purification de l'air
Purificación del aire
Очищение воздуха

Maschinenbau
Machinery
Construction mécanique
Construcción de máquinas
Машиностроительство

Mathematik
Mathematics
Mathématiques
Matemáticas
Математика

Medizin · Pharmakologie
Medicine · Pharmacology
Médecine · Pharmacologie
Medicina · Farmacología
Медицина и фармакология

NE-Metalle
Non-ferrous metal
Metal non ferreux
Metal no ferroso
Цветные металлы

Physik
Physics
Physique
Física
Физика

Rationalisierung
Rationalizing
Rationalisation
Racionalización
Рационализация

Schall · Ultraschall
Sound · Ultrasonics
Son · Ultra-son
Sonido · Ultrasónico
Звук и ультразвук

Schiffahrt
Navigation
Navigation
Navegación
Судоходство

Textilforschung
Textile research
Textiles
Textil
Вопросы текстильной промышленности

Turbinen
Turbines
Turbines
Turbinas
Турбины

Verkehr
Traffic
Trafic
Tráfico
Транспорт

Wirtschaftswissenschaften
Political economy
Economie politique
Ciencias económicas
Экономические науки

Einzelverzeichnis der Sachgruppen bitte anfordern

Westdeutscher Verlag · Köln und Opladen
567 Opladen/Rhld., Ophovener Straße 1–3, Postfach 1620

MIX
Papier aus verantwortungsvollen Quellen
Paper from responsible sources
FSC® C105338

If you have any concerns about our products,
you can contact us on
ProductSafety@springernature.com

In case Publisher is established outside the EU,
the EU authorized representative is:
**Springer Nature Customer Service Center GmbH
Europaplatz 3, 69115 Heidelberg, Germany**

Printed by Libri Plureos GmbH
in Hamburg, Germany